ANCIENNES RECETTES PHARMACEUTIQUES,

Par M. B. DE GLANVILLE (1).

Messieurs,

A l'une des séances de l'année de vos travaux qui s'est terminée au mois d'août dernier, après la lecture d'un travail fort intéressant, fait par un de nos plus laborieux confrères (2), sur la première pharmacopée connue, il fut dit, dans cette enceinte, qu'il serait curieux de rechercher les anciennes formules employées autrefois en pharmacie, de les comparer aux nouvelles et que de ce travail il ressortirait certainement que beaucoup de remèdes spécifiques, donnés comme de récentes découvertes, étaient parfaitement connus en des temps plus anciens.

Cette observation m'avait donné la pensée de compléter, par de nouvelles recherches, quelques frag-

(1) Lecture faite à l'Académie, dans la séance du 12 juin 1863.
(2) M. Malbranche

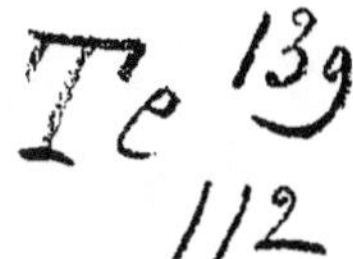

ments de ce genre que mes travaux archéologiques m'avaient fait rencontrer, afin de pouvoir vous les présenter avec plus d'ensemble et plus d'intérêt, mais le temps, ce tyran qui dispose de notre vie à sa guise, ne m'a pas permis de réaliser mon projet et je suis contraint de m'en tenir à de simples notes, me réservant de recommencer plus tard, si le hazard ou ma bonne fortune me permettent de trouver autre chose.

Ma prétention n'est pas, Messieurs, de venir ici faire de la médecine ; je n'ai pour cela ni le désir, ni les connaissances nécessaires ; je suis même incapable d'apprécier la vertu curative de mes recettes, mais si elles n'ont d'autre mérite que leur antiquité et la curieuse originalité de leur rédaction, vous ne m'accuserez pas, je l'espère, de leur assigner une valeur trop élevée, car je les donne pour rien.

Voici d'abord ce que j'ai trouvé sur les derniers feuillets d'un livre où s'inscrivaient, en 1402 et 1403, les *receptes et dépenses* du prieuré de Saint-Lô-à Rouen. C'est la composition d'un onguent merveilleux qui, dans son temps, dut avoir une grande réputation, si j'en puis juger par les nombreuses maladies qu'il est appelé à guérir ; c'est un baume unique, une panacée universelle avec laquelle on peut affronter tous les dangers et se moquer impunément de la médecine et des médecins. Écoutez plutôt :

Onguement capital qui est bon pour la douleur de la teste. Il est mollificatif, obstretif, abstratif, consolidatif de toutes perfluités purosies, mondificatif, dessicatif, de bonne char conservatif et régénératif ; de la mauvaise char destructif et à toutes ulceres et plaies profitable et destruit le venin qui est en lieu ou lon le met.

La manière du faire.   *Recepte.*

*Prenez sieu de porc et de mouton fres sies tant dun com
d'autre de chascun 1111 onches, terbentine 11 onches, pois
blance une onche, chire virge 1 onche, mirre et enchens. aloes,
litarge. mastie, de chascun demy onche. betongne, chouquet,
merseul de chascun 11 dragmes. Manière du faire: piles les
herbes, en trecz le ius et metes les cresscs et les ius bouillir
ensemble et puis metes vostre chire et la pois, et les autres
choses soient pondrees en poudre bien subtille et quand il aront
bien longuement bouilli si metes vos poudres en mouvant
touiours en la paelle (1) en petit feu et puis metes la terbentine et soit oste de dessus le feu et soit meu tant que il soit froit.*

*Cest onguement est chaut et moiste et confortant de
nature. La cresse de porc et de mouton est oppilative a celle
fin que la subtile matière ne se puisse évaporer du lieu sans
la cresse; la terbentine et pois résine confortent les nerfs du
lieu, la chire est lentive et assouage la douleur; mirre,
enchens, mastie, litarge sont dessicatifs et consolidatifs,
aloes est abstratif et mondificatif de superfluités; betongne,
chouquet, merseul ostent le vennin et la pourriture du lieu et
especialement du chief et après de tous les membres, etc., etc.
C'est chose vraie et esprouvée.*

Cet onguent, Messieurs, vous paraît peut-être bien
compliqué, bien difficile à faire; il entre dans sa composition un bien grand nombre de substances, mais
qu'est cela cependant en comparaison de la thériaque
pour laquelle autrefois on employait plus de cent
drogues différentes.

Voici maintenant comment, en 1430, un sieur Le

(1) Poêle.

Picard, je crois, chantait les vertus bienfaisantes du cresson de fontaine moitié en latin, moitié en français, moitié en vers et moitié en prose :

Omnibus s't notum que cresson segniffiie
Donat appetitum et les rains mondeiffie
Repellit vomitum et le sanc puriffie
Luminis augmentum et le engin magniffie (1)

Pulvis grane totum le ventre mollifie
Crudum et coctum est bons ce vous affie (2)
Phisica me tutum m'en fait et je miffie
Propter hoc in ortum le picard le diffie (3)

Emplius du cresson
Ne soit mie qui plus en die

Qui cest papier ne gardera
Et les feuilles en coupera
En l'annulant qui ce fera
Au feu d'enfer brulé sera.

Si je ne me trompe, Messieurs, ce *pulvis grane* du cresson, qui *totum le ventre mollifie*, ressemble singulièrement à la graine de moutarde blanche, précieuse découverte moderne, dont les bienheureux effets sont prônés tous les jours à la quatrième page de nos journaux.

Ceci est tiré d'un petit livre en parchemin où sont inscrites les rentes que possédaient sur des maisons de

(1) Esprit exalte.
(2) Affirme.
(3) Le cultive.

Rouen les religieux du même prieuré de Saint-Lô en 1430.

Maintenant, si on me demande comment ces choses se rencontrent dans des registres de recettes et dépenses, je répondrai que l'on y trouve bien d'autres choses encore. Les comptes paraissent avoir été tenus dans les monastères par des intendants laïcs qui, dans leurs moments de loisir, se complaisaient parfois à inscrire, sur le livre confié à leurs soins, les inspirations de différents genres qui pouvaient leur passer par la tête. C'est ainsi que l'on peut expliquer certaines compositions, quelque peu licencieuses, et qui n'auraient pu sortir de la plume d'un religieux. D'autrefois, ce sont des pièces de vers que l'on trouve. Permettez-moi, je vous prie, Messieurs, de vous en citer une, bien quelle n'ait aucun rapport avec mon sujet, ni d'autre mérite que d'avoir été écrite de 1502 à 1505.

La vierge Marie se plaint amèrement des imprécations que l'on se permettait aussi à cette époque, à ce qu'il paraît, contre son divin fils :

> *O peuple de courage humain,*
> *Regarde de cueur ma figure*
> *Ou teste na cor pie ne main*
> *Qui ne soit sanglant de bature.*
> *Congnoys come en fervente cure*
> *Je te suys venue secourir.*
> *Oublie terrestre nature*
> *Et pense qu'il te fault mourir.*
> *O gens plains de toute misère,*
> *Regardes et consideres*
> *Que je suys de pitié la mère*

> *Et à ma douleur vous mires.*
> *Consideres ou vous yres*
> *Quant par vos juremens horribles*
> *Mon fils jures et parjures ;*
> *Paines en souffrires terribles.*

Mais revenons à notre point de départ M. Gosselin, dans une étude fort intéressante qu'il vous a adressée sur les opérateurs et chirurgiens du xviie siècle, vous a fait connaître que l'un d'eux, en 1641, se faisait autoriser à opérer en public pour nettoyer la carie des dents et les remplir d'une pâte d'or indestructible, procédé qui, aujourd'hui, est considéré comme datant de peu d'années.

Si on ouvre le *Tractatus de virtutibus herbarum,* publié par Arnoldus de Novavilla et imprimé à Venise en 1520, on trouvera un grand nombre d'anciennes recettes. A cette époque, la racine de mandragore était employée pour endormir les malades auxquels on devait faire une opération douloureuse : *Et quando fiunt necesse incidere vel cauterisare aliquod membrum volumus quod non sentiatur, detur ei in potu prius, i vel. 3, i y, succi radicis cum mellicrato.... Sed si accipitur nimium occidit.*

Ainsi, ce moyen d'engourdir la douleur offrait les mêmes avantages, mais aussi les mêmes dangers, que le chloroforme du xixe siècle.

Une décotion de racine de *bleta* et *abrotani*, avec laquelle on se lave la tête, enlève *furfures et lendes et pediculos* et fait repousser les cheveux sur les têtes les plus chauves. *(Pilos in alopecia.)*

Ne serait-ce pas là, par hazard, la base de cette eau

merveilleuse qui embellissait et faisait croître à vue d'œil la chevelure des belles châtelaines du moyen-âge, et dont la recette, retrouvée, dit-on, dans un vieux manuscrit, a eu la vertu, à défaut de toute autre peut-être, de faire la fortune d'un industriel bien connu de nos jours. La racine d'*asphodèle*, pilée avec de l'huile, fait aussi pousser les cheveux et le suc de la sauge les teint en noir.

Mais il est inutile de continuer ces citations que l'on pourrait multiplier à l'infini. Je sais, d'ailleurs, que la vertu curative des plantes est très contestée aujourd'hui, et que le nombre de celles que l'on emploie en méde-cine, avec quelque succès, est très limitée. Le plus curieux, le plus utile surtout serait de vérifier ce qu'il peut y avoir de vrai dans les prétentions des an-ciens auteurs; ils ont avancé bien des choses qu'il eut peut-être été difficile de prouver, et l'on peut conclure, je crois, que le désir de retarder les ravages causés par la vieillesse et de guérir les infirmités qui en sont la conséquence, ont fait naître, à toutes les époques, bien des systèmes, employer des moyens bien différents, mais le but a toujours été le même, et les noms seuls ont changé.

Rouen. — Imp. H. Boissel.